T0209593

essentials

essentials liefern aktuelles Wissen in konzentrierter Form. Die Essenz dessen, worauf es als „State-of-the-Art" in der gegenwärtigen Fachdiskussion oder in der Praxis ankommt. *essentials* informieren schnell, unkompliziert und verständlich

- als Einführung in ein aktuelles Thema aus Ihrem Fachgebiet
- als Einstieg in ein für Sie noch unbekanntes Themenfeld
- als Einblick, um zum Thema mitreden zu können

Die Bücher in elektronischer und gedruckter Form bringen das Fachwissen von Springerautor*innen kompakt zur Darstellung. Sie sind besonders für die Nutzung als eBook auf Tablet-PCs, eBook-Readern und Smartphones geeignet. *essentials* sind Wissensbausteine aus den Wirtschafts-, Sozial- und Geisteswissenschaften, aus Technik und Naturwissenschaften sowie aus Medizin, Psychologie und Gesundheitsberufen. Von renommierten Autor*innen aller Springer-Verlagsmarken.

Weitere Bände in der Reihe http://www.springer.com/series/13088

Stefan Scholz

Baukosten sicher ermitteln – Mit Praxisbeispiel Mehrfamilienhaus

Schnelleinstieg für Architekten und Bauingenieure

Stefan Scholz
Hamburg, Deutschland

ISSN 2197-6708 ISSN 2197-6716 (electronic)
essentials
ISBN 978-3-658-33960-9 ISBN 978-3-658-33961-6 (eBook)
https://doi.org/10.1007/978-3-658-33961-6

Die Deutsche Nationalbibliothek verzeichnet diese Publikation in der Deutschen Nationalbibliografie; detaillierte bibliografische Daten sind im Internet über http://dnb.d-nb.de abrufbar.

Planung/Lektorat: Karina Danulat
Springer Vieweg ist ein Imprint der eingetragenen Gesellschaft Springer Fachmedien Wiesbaden GmbH und ist ein Teil von Springer Nature.
Die Anschrift der Gesellschaft ist: Abraham-Lincoln-Str. 46, 65189 Wiesbaden, Germany

Was Sie in diesem *essential* finden können

- Baukosten methodisch ermitteln
- in der jeweiligen Planungsphase die richtige Genauigkeit erreichen
- die Kostenplanung vollständig dokumentieren
- den Planungsprozess aktiv durch Kostenplanung unterstützen

Vorwort

Architekt und Bauherr. (Quelle: Stefan Scholz)

Neulich bei der Auftragsverhandlung: *„Herr Architekt, ich bin interessiert. Was würde bei Ihnen das Haus kosten, wenn wir zusammenarbeiten?"* Die Erwartungen der Bauherrenschaft sind zu Recht sehr hoch. Manchmal wünschen sich Kunden schon zu Beginn des Planungsprozesses – ähnlich einem Automobil-Konfigurator – alle Optionen festzulegen und möchten anschließend den Preis wissen. Andere wiederum bestehen auf einen garantierten Maximalpreis. Ob bzw. wie dies möglich ist, erfahren Sie in diesem Ratgeber.

Gerade bei Bauprojekten, die aus wirtschaftlichen Hintergründen beauftragt werden, ist eine sichere Baukostenermittlung essenziell. Nicht selten werden die Entwurfsentscheidungen basierend auf Kostenermittlungen getroffen. In diesem Moment ist diese Kostenermittlung *die* wichtigste Präsentationsunterlage des Architekten.

Sie erhalten eine Anleitung für die professionelle Kostenplanung vom ersten Kostenrahmen bis zur Kostenfeststellung. Zu jeder Planungsphase eines Mehrfamilienhauses ist ein Praxisbeispiel mit der jeweiligen Kostenermittlung erläutert. Ergänzend sind über die Autorenwebsite www.architekturpraxis.de direkt verwendbare Arbseitsdateien als Download zur Verfügung gestellt. So können Sie sofort mit Ihrer ersten Kalkulation loslegen!

Der Ratgeber „Baukosten sicher kalkulieren" ist für Bauherren und Architekten gleichermaßen als Praxis-Leitfaden zu verwenden. Nutzen Sie Ihre Chancen zur Verfeinerung Ihrer Kostenplanungstechniken und hinterlassen Sie nicht nur einen bleibenden, sondern vor allem einen positiven und deutlichen Eindruck ihres Projektes – beim Kunden oder auch bei der finanzierenden Bank!

Hamburg   Stefan Scholz
2021

Inhaltsverzeichnis

Über den Autor

Dipl. Ing. Architekt Stefan Scholz ist Architekt und Gründungspartner bei MMST Architekten in Hamburg. Der Schwerpunkt von MMST Architekten ist der wirtschaftliche Wohnungsbau, insbesondere der Mietwohnungsbau für die private Altersvorsorge. Herr Scholz ist Autor mehrerer Bücher im Bereich Bauökonomie und Architekturpraxis.

Seit März 2010 ist Herr Scholz in der Lehre für mehrere Hochschulen, u. a. an der TU Berlin, für das Themengebiet Bauökonomie tätig. Vorher war der gebürtige Schweriner in Berlin und Moskau für verschiedene Auftraggeber in der Entwurfsphase projektleitend tätig. Zu den Hauptauftraggebern und Kooperationspartnern zählten Tchoban Voss Architekten, Büro Speech in Moskau, sowie die Generalplanungsbüros agn und pbr AG. Darüber hinaus spezialisierte er sich mit einem „Europäischen Diplom Immobilienwirtschaft" bei Eipos e. V. an der TU Dresden. 2003 erhielt Stefan Scholz eine Anerkennung beim Immobilienforschungspreis des gif e. V. (Analyse geometrischer Faktoren zur Optimierung der Wirtschaftlichkeit bei der Revitalisierung innerstädtischer Bürostandorte am Beispiel „Tagesspiegelareal, Berlin"). Die wichtigsten realisierten Projekte von Stefan Scholz sind: Sanierung und Erweiterung des Wasser- und Schifffahrtsamt Kiel-Holtenau (2009); Neubau Martin-Luther-King-Schule in Velbert (2011); Neubau der Volksbank in Wilster (2013); Neubau der Union-Bank in Harrislee (2014); Neubau Ev.-Luth. Kirche in Hasloh (2017); Sanierung und Neubauten verschiedener Zinshäuser in Hamburg (2016–2021).

www.architekturpraxis.de

info@stefanscholz.biz

Abbildungsverzeichnis

Baukosten sicher ermitteln

1

In der klassischen Rolle des Sachwalters hat der Architekt insbesondere gegenüber Verbrauchern eine hohe Verantwortung. Etwa 10% seines Aufgabenspektrums beschäftigen sich mit Baukostenermittlungen in der Planungs- und Erstellungsphase.

Abgrenzung
Von Baukostenermittlungen abzugrenzen sind wirtschaftliche Überlegungen, wie zum Beispiel Abwägung von Erst- und Folgekosten oder die Bewertung des Nutzen- und Kostenverhältnisses. So können auch Kostensteigerungen durchaus positiv sein, wenn zum Beispiel auch die Mietfläche entsprechend steigt. Im Folgenden beschäftigt sich dieser Ratgeber ausschließlich mit den Baukostenermittlungen als Basis der weiterführenden wirtschaftlichen Überlegungen.

Der Auftraggeber erwartet vom Architekten in der Sachwalter- Position die vollständige Aufklärung über die Kosten des geplanten Projektes. Diese Aufklärung muss so erfolgen, dass der Auftraggeber jederzeit in der Lage ist, seine Projektentscheidungen unter Berücksichtigung der zu erwartenden Kosten zu treffen. Die Kostenermittlungen müssen also rechtzeitig und in einer ausreichenden Genauigkeit erfolgen.

▶ Summe (Menge * Preis) = Projektkosten

Die Baukostenkalkulation ist von der Struktur sehr einfach. Zum Beispiel könnte eine Kostenangabe lauten: 1000 qm * 3000 € = 3 Mio. € Projektbudget. Wichtig ist jedoch, genau zu definieren, was die jeweiligen Bezugseinheiten genau aussagen.

© Der/die Autor(en), exklusiv lizenziert durch Springer Fachmedien Wiesbaden GmbH, ein Teil von Springer Nature 2021
S. Scholz, *Baukosten sicher ermitteln – Mit Praxisbeispiel Mehrfamilienhaus*, essentials, https://doi.org/10.1007/978-3-658-33961-6_1

Fragen

Sind die qm Mietfläche? Sind 3000 € als Bruttobetrag zu verstehen? Umfassen 3000 € nur das Gebäude? Oder Alles? Was aber genau ist Alles?

Die üblicherweise verwendeten Definitionen und eine Kostenermittlungsmethodik sind in der DIN 276 „Kosten im Hochbau" definiert. Fast alle am Bau Beteiligten, sowie die meisten Publikationen beziehen sich hinsichtlich Baukosten auf diese Norm, so auch dieser Ratgeber.

Risiken

Um Baukosten sicher zu ermitteln, ist jedoch auch die Berücksichtigung der Risiken notwendig. Dies erfolgt durch eine monetäre Bewertung in Verbindung mit einer Wahrscheinlichkeit des Eintritts. Es sind also Angaben von Toleranzen notwendig. Zu Beginn sind diese Toleranzen höher, im weiteren Projektverlauf werden diese sinken.

Bei Standardprojekten wie dem Mehrfamilienhaus-Neubau sind die üblichen Risiken in der Regel vollständig bekannt. Dadurch ist eine Kalkulation mit einer hohen Genauigkeit auch schon bei Projektbeginn möglich. Die üblichen zu berücksichtigen Faktoren sind:

1. Geometrische Risiken (z. B.: ungenaue Angaben über Bauteil- bzw. Abrechnungsmengen)
2. Qualitative Risiken (z. B.: die Anforderungen des Kunden sind nicht ausreichend definiert oder ändern sich im Planungsverlauf)
3. Externe Risiken (z. B.: Baugrund ist noch nicht untersucht)
4. Konjunkturelle Risiken (z. B.: lange Planungszeiträume bei gleichzeitig hohen Baupreissteigerungen)

Bei der Aufstellung von Kostenermittlungen sollten die Risiken transparent gemacht werden, um Missverständnisse zwischen den Beteiligten zu vermeiden. Dies kann durch die Angabe von einer Genauigkeit/Toleranz oder durch die Ausweisung einer „Reserve" geschehen. Soll ein Kostenplanungsziel oder eine sogenannte Kosten-Obergrenze definiert werden, ist dabei die Toleranz zu berücksichtigen.

Projektverlauf und Beeinflussbarkeit

Im Projektverlauf nimmt die Genauigkeit der Kostenermittlungen zu und die Beeinflussbarkeit der Kosten ab (vgl. Abb. 1.1). Zu Beginn des Projektes können durch Entwurfsentscheidungen die Kosten stark beeinflusst werden. Spätestens ab dem Zeitpunkt des Baustarts sind nur noch minimale Eingriffe möglich. Daher kann zwischen der Kostenplanungsphase bis zum Baustart und der Kostenkontrollphase ab dem Baustart unterschieden werden.

Verschiedenen Projektphasen werden unterschiedliche Kostenplanungsbezeichnungen zugeordnet. Die Definitionen gehen aus der DIN 276 hervor und werden im nächsten Kapitel dargestellt.

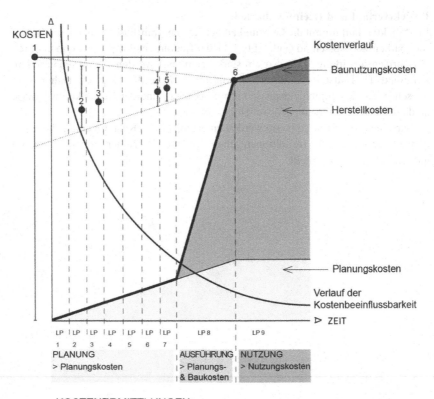

KOSTENERMITTLUNGEN:

1_ Kostenrahmen   4_ Kostenvoranschlag

2_ Kostenschätzung   5_ Kostenanschlag

3_ Kostenberechnung   6_ Kostenfeststellung

Abb. 1.1   Kostenermittlungen. (Quelle: www.architekturpraxis.de)

Die Methodik in der DIN 276 „Kosten im Bauwesen"

2

Bezeichnungen der verschiedenen Kostenermittlungen

Die Kostenplanungen sind in der DIN 276 „Kosten im Bauwesen" [12-2018] zeitlich nach Leistungsphasen (vgl. HOAI) strukturiert. Es sind Kostenrahmen, Kostenschätzung, Kostenberechnung, Kostenvoranschlag, Kostenanschlag und Kostenfeststellung definiert. Die Durcharbeitungstiefe nimmt dabei vom Projektstart an zu. Die letzte Kostenplanung kann zur besseren Übersichtlichkeit wieder zusammengefasst erfolgen.

Die einzelnen Zuordnungen sind in der Abb. 2.1 dargestellt. Einige Kostenplanungen sind in der HOAI und der DIN 276 übereinstimmend definiert. Die Differenzen entstanden durch Aktualisierungen bei der Fortschreibung der Norm (siehe Abb. 2.1).

Kosteneinschätzung

Die weitere Bezeichnung „Kosteneinschätzung" wird seit 2018 im BGB gebraucht. Dieser Begriff ist absichtlich abweichend gewählt und stellt eine Einschätzung des Architekten in der sogenannten Zielfindungsphase (vgl. § 650p BGB) dar. In der Regel wird in der Zielfindungsphase die Genauigkeit eines Kostenrahmens sinnvoll sein. Nach Vorlage der „Kosteneinschätzung" zusammen mit einer „Planungsgrundlage" kann der Bauherr zustimmen oder den Planungsvertrag einseitig beenden.

▶ Die DIN 276 stellt neben den grundlegenden Definitionen, Genauigkeitsanforderungen und Regeln zur Methodik auch eine Struktur für die Kostengliederung zur Verfügung. Diese Struktur enthält sogenannte Kostengruppen für alle auftretenden Kosten des Vorhabens.

S. Scholz, *Baukosten sicher ermitteln – Mit Praxisbeispiel Mehrfamilienhaus*, essentials, https://doi.org/10.1007/978-3-658-33961-6_2

5

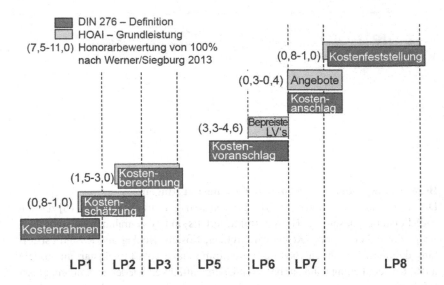

Abb. 2.1   DIN 276 und HOAI. (Quelle: www.architekturpraxis.de)

Kostengruppen

Die Kostengruppen werden in drei Stufen unterteilt. Die erste Stufe wird als „Kosten-gruppe 100", „Kostengruppe 200", … bezeichnet. Die Kostengruppen der zweiten und dritten Stufe unterteilen die jeweils übergeordneten Gruppen weiter. Die komplette Struktur als XLS-Tabelle ist unter www.architekturpraxis.de zur Verfügung gestellt. Bei Bedarf kann eine weitere Detailierung vorgenommen werden (z. B. 4. Stufe).

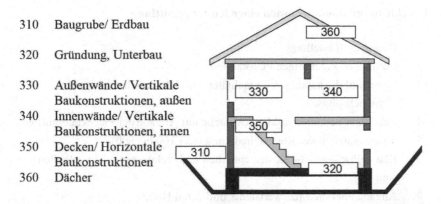

310   Baugrube/ Erdbau

320   Gründung, Unterbau

330   Außenwände/ Vertikale
      Baukonstruktionen, außen
340   Innenwände/ Vertikale
      Baukonstruktionen, innen
350   Decken/ Horizontale
      Baukonstruktionen
360   Dächer

Abb. 2.2   Kostengruppe 300 in der 2. Gliederungsstufe. (Quelle: www.architekturpraxis.de)

Im Bereich der Kostengruppe 300 „Bauwerk – Baukonstruktion" (siehe Abb. 2.2) ist der Architekt verantwortlich, diese Kosten zu ermitteln. Die anderen Kosten trägt der Architekt von beteiligten Fachplanern zusammen. In der Summe entsteht dann eine vollständige Kostenermittlung.

Vollständigkeit
Jede Kostenermittlung sollte vollständig sein. Die Vollständigkeit bezieht sich dabei einerseits auf die Darstellung aller Kostengruppen, sodass Missverständnisse durch komplett in der Aufstellung fehlenden Kostengruppen ausgeschlossen werden können. Andererseits bezieht sich die Vollständigkeit auch auf die Definition der Bezüge hinsichtlich Quantitäten (z. B. Mietfläche) und Qualitäten (z. B. Art der Konstruktion, Materialien oder Ausstattung). Darüber hinaus sind der zugrunde gelegte Planungsstand (z. B. Variante vom 02.05.2021), der Zeitpunkt der Kostenangabe (z. B. 5-2021, inkl. 19 % MwSt.) und die Aufklärung über die Risiken/Toleranzen geeignet anzugeben. In Abb. 2.3 dargestellt, eine Checkliste für die Vollständigkeit zur Dokumentation einer Kostenermittlung.

Checkliste zur Dokumentation einer Kostenermittlung

1. Datum der Erstellung
2. Datum des zugehörigen Planstandes
3. Bezug auf die kalkulierten Qualitäten (z.B. Baubeschreibung oder Vergleichsobjekt)
4. Bezug zur kalkulierten Menge/ Fläche mit Angabe der Flächendefinition
5. Vollständigkeit der Kostengliederung (KG 100 bis 800)
6. Klarstellung, welche Kosten enthalten und welche ggf. nicht enthalten sind
7. Angabe über die Mehrwertsteuer und deren Höhe
8. Angabe des Kostenstandes der Kalkulation

Abb. 2.3 Checkliste zur Dokumentation einer Kostenermittlung. (Quelle: Stefan Scholz)

Strukturanpassung an das Vorhaben
Die einzelnen Kostenermittlungen sind in Kap. 3 anhand eines dokumentierten Mehrfamilienhaus-Neubauprojektes umfassend dargestellt. Die DIN 276 ist prinzipiell eine allgemeine Norm für alle Bauvorhaben. Dennoch ist die Struktur eher aus dem Bereich des durchschnittlichen Neubaus abgeleitet. Für große Vorhaben kann deshalb eine weitere Unterteilung in verschiedene Abschnitte, Bereiche, Gebäudeteile etc. erfolgen. Für Sanierungen können die Kostengruppen in der 4. Stufe ergänzt werden, um z. B. Rückbaumaßnahmen besser zuzuordnen. Die ersten drei Stufen der Kostengruppen sollten dabei nicht verändert werden.

Bauteilorientierung oder Gewerkeorientierung
Die DIN 276 sieht zunächst eine Bauteilorientierung vor, wie diese in der Abb. 2.4 dargestellt ist. Die Beauftragung der Bauunternehmer erfolgt jedoch nach einem Leistungsverzeichnis, welches nach einzelnen handwerklichen Gewerken strukturiert ist (Vergabeeinheiten). Die Änderung der Gliederung von Bauteilorientierung zur Gewerkeorientierung wird also spätestens in der Leistungsphase 6 erfolgen. Es ist jedoch in der DIN 276 vorgesehen, bereits die Kostenberechnung in der Gewerkegliederung vorzunehmen. Der Autor empfiehlt diese Vorgehensweise, da mit der aktuell verfügbaren Softwareunterstützung eine zügige Erstellung möglich ist und gleichzeitig die Genauigkeit erhöht werden kann.

DIN 276   Positionen in den
Kostengruppe (KG)   Leistungsverzeichnissen

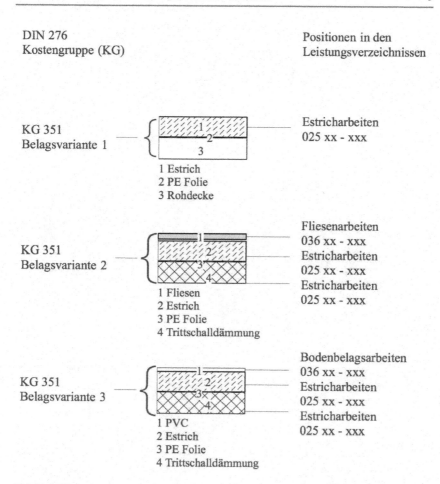

KG 351   Estricharbeiten
Belagsvariante 1   025 xx - xxx

1 Estrich
2 PE Folie
3 Rohdecke

KG 351   Fliesenarbeiten
Belagsvariante 2   036 xx - xxx
                                                     Estricharbeiten
                                                     025 xx - xxx
                                                     Estricharbeiten
                                                     025 xx - xxx

1 Fliesen
2 Estrich
3 PE Folie
4 Trittschalldämmung

KG 351   Bodenbelagsarbeiten
Belagsvariante 3   036 xx - xxx
                                                     Estricharbeiten
                                                     025 xx - xxx
                                                     Estricharbeiten
                                                     025 xx - xxx

1 PVC
2 Estrich
3 PE Folie
4 Trittschalldämmung

Abb. 2.4 Bauteil- vs. Gewerkeorientierung am Beispiel von Deckenbelägen (KG 351).
(Quelle: Stefan Scholz)

Kostenermittlungen am Praxisbeispiel

3

Die Kostenermittlungen in diesem Kapitel sind auf Basis eines Mehrfamilienhaus-Praxisbeispiels (Abb. 3.1) erstellt und erläutert. Die teilweise umfangreichen Kostenplanungsunterlagen zu den jeweiligen Projektphasen sind im Buch ausschnittsweise dargestellt. Als Extra zum Buch sind die vollständigen Dokumente als Download auf www.architekturpraxis.de zur Verfügung gestellt.

Abb. 3.1 Praxisbeispiel Zinshaus „Am Horner Moor", vgl. Dokumentation im Buch Mehrfamilienhaus Musterplanung, 2020 (Quelle: Stefan Scholz)

S. Scholz, *Baukosten sicher ermitteln – Mit Praxisbeispiel Mehrfamilienhaus*, essentials, https://doi.org/10.1007/978-3-658-33961-6_3

3.1   Arbeit mit Kostenkennwerten

Kosten werden als sogenannte Kostenkennwerte aufbereitet, in dem die abgerechneten Kosten in Bezug auf eine Bauteilmenge gesetzt werden (z. B. 1534 € Brutto/qm BGF). Diese Kennwerte müssen einheitlich aufgestellt werden, um eine Vergleichbarkeit zu gewährleisten. Dazu dienen die DIN 276 und die DIN 277. Die Daten werden im Büro entweder auf Basis von eigenen Referenzobjekten oder auf Basis von Publikationen (z. B. vom Baukosteninformationszentrum BKI) erstellt.

Bei den Kostenkennwerten sind sowohl zeitliche als auch geografische Abweichungen zu berücksichtigen. Die Kostenermittlungen sind, wenn nicht anders angegeben, auf den aktuellen Zeitpunkt und das tatsächliche Grundstück abzustellen. Die Kostenkennwerte sind dabei entsprechend anzupassen, sodass in der Kostenermittlungstabelle bereits die korrekten Werte aufgeführt werden.

Die örtliche Anpassung kann über Statistiken des Baukosteninformationszentrums erfolgen. Die Bücher des BKI beinhalten regionale Faktoren für das gesamte Bundesgebiet. Hamburg hatte 2020 beispielsweise 1,11, d. h. liegt ca. 11 % über den Preisen des deutschen Bundesdurchschnitts.

Die zeitliche Anpassung kann mithilfe des statistischen Bundesamtes (vgl. www.destatis.de) erfolgen. Die Baupreis-Indextabellen werden quartalsweise fortgeschrieben. Dadurch sind die Kostenkennwerte aus Büchern oder vergangenen Büroprojekten über die zeitlichen Faktoren auf den aktuellen Stand anpassbar.

3.2   Kostenrahmen

▶   Die erste Kostenermittlung wird in der Regel zu einem sehr frühen Projektstadium aufgestellt. Der Kostenrahmen dient der grundsätzlichen Einschätzung des Projektes und ggf. als Kostenvorgabe/ Kostenziel für die weitere Planung.

Es liegen dem Planer meist nur ein Lageplan und die baurechtlichen Rahmenbedingungen vor (hier Abb. 3.2). In dieser Situation wird der Bauherr üblicher Weise auf eine grobe Ermittlung hingewiesen. Die Gliederungstiefe des Kostenrahmens entspricht der 1. Stufe nach DIN 276.

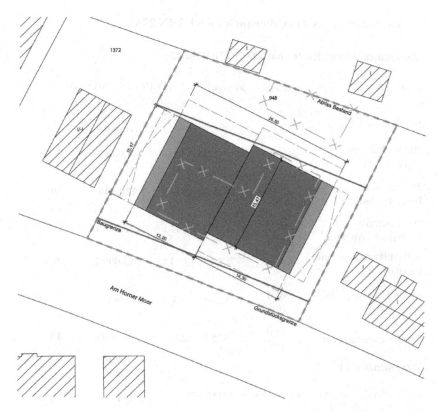

Abb. 3.2 Lageplan. (Quelle: Stefan Scholz)

Im Kostenrahmen eines Mehrfamilienhauses wird daher sinnvoller Weise auf die Mietfläche oder auf die Bruttogrundfläche des Gebäudes abgestellt. Die verwendeten Kennwerte können aber auch auf Nutzungseinheiten, Bruttorauminhalt basieren.

Beim Praxisprojekt war ein Vorbescheid als Planungsgrundlage verfügbar, sodass auf die Bruttogrundfläche Bezug genommen werden konnte.

Alle Kostenermittlungen sollten geeignet gerundet werden. Außerdem sind auf die Risiken und die getroffenen Annahmen im Rahmen einer textlichen Beschreibung hinzuweisen (vgl. Checkliste Abb. 2.3).

Im Ergebnis entscheidet der Auftraggeber über den Fortgang des Projektes (Abb. 3.3).

Kostenrahmen des Praxisbeispieles nach DIN 276

Zusammenfassung Kosten nach DIN 276 2018-12

Kostengruppe	Einheit	Menge	KKW (Mittelwert) Euro (brutto)		Anteil [%]
100 Grundstück			keine Angabe		
200 Vorbereitende Maßnahmen	GF (m²)	1.194,0	52 €	62.000 €	3%
300 Bauwerk - Baukonstruktionen	BGF (m²)	1.325,0	845 €	1.120.000 €	59%
400 Bauwerk - Technische Anlagen	BGF (m²)	1.325,0	223 €	295.000 €	16%
500 Außenanlagen und Freiflächen	AF (m²)	784,1	144 €	113.000 €	6%
600 Ausstattung und Kunstwerke	BGF (m²)	1.325,0	13 €	17.000 €	1%
700 Baunebenkosten	BGF (m²)	1.325,0	231 €	306.000 €	15%
800 Finanzierung			keine Angabe		
Gesamtbaukosten exkl. Grundstück (bezogen auf Mittelwert KG 200-700)			1.900.000 €		100,0%

aufgestellt: 01.07.2016

Alle Kosten inkl. 19% MWSt.

(Genauigkeit ± 20%)

entspricht dem Planungsstand vom 01.05.2016

Abb. 3.3 Kostenrahmen nach DIN 276. (Quelle: Stefan Scholz)

3.3 Kostenschätzung

▶ Eine Kostenschätzung nach DIN 276 gehört zu den Grundleistungen des Architekten im Rahmen der Vorplanung. Die Kostenschätzung dient zur überschlägigen Ermittlung der Gesamtkosten und der Entscheidung über den oder die Vorentwürfe. Die Genauigkeit entspricht der 2. Gliederungsstufe.

Die Grundlagen für die Kostenschätzung sind daher zeichnerische Darstellungen der Quantitäten sowie Qualitätsangaben.

Bei einer Kostenermittlung über €/m^2 Grundrissfläche oder €/m^3 Rauminhalt ist eine Beeinflussung der Gesamtkosten mit verschiedenen Vorentwurfsvarianten nur schwer möglich. Die DIN 276 sieht daher vor, die geometrischen Einflussfaktoren detaillierter zu ermitteln, um die Schwerpunkte der Kosten zu erkennen und gegebenenfalls planerisch einzugreifen.

Die sogenannte Elementmethode (Definition: Elemente entsprechen der 2.Stufe DIN 276 im Bereich der Kostengruppe 300) umfasst daher einfache ermittelbare Bauteilgrößen, wie Baugrubeninhalt (KG310), Gründungsfläche (KG320), Außenwandfläche (KG330), etc.

Beim Praxisprojekt wurde die Vorentwurfslösung zusammen mit der Kostenschätzung zur weiteren Bearbeitung ausgewählt (Abb. 3.4).

Die Kostenschätzungen können für mehrere Vorentwürfe erstellt werden, um diese miteinander zu vergleichen. Ebenfalls können Optionen hinsichtlich Quantitäten und Qualitäten transparent aufgestellt werden. Dazu ist auch die Angabe von Preisspannen (Minimalwert, Schätzung, Maximalwert) denkbar.

Im Ergebnis sollte der Auftraggeber nur eine konkrete Vorentwurfslösung freigeben und dabei ggf. weitere Anpassungen für die nächste Entwurfsphase klar entscheiden. Da die weitere Projektbearbeitung dann einen deutlich höheren Planungsaufwand verursacht, ist dem Architekten zu empfehlen, die Planungszielgröße für die Kostenberechnung bereits jetzt mit dem Auftraggeber zu besprechen.

Kostenschätzung des Praxisbeispieles nach DIN 276

Zusammenfassung Kosten nach DIN 276 2018-12

Kostengruppe	Einheit	Menge	KKW (Mittelwert)	Anteil
			[Euro Brutto]	[%]
100 Grundstück			**600.000 €**	23%
200 Herrichten und Erschließen	GF (m²)	1194,00	52 €	**62.088 €**	2%
300 Bauwerk - **Baukonstruktionen**			**1.164.420€**	
310 Baugrube/ Erdbau	BGI (m³)	521,00	35 €	**18.235 €**	1%
320 Gründung, Unterbau	GRF (m²)	409,0	235 €	**96.115 €**	4%
330 Außenwände/ Vertikale Baukonstruktion, außen	AWF (m²)	621,00	510 €	**316.710 €**	12%
340 Innenwände/ Vertikale Baukonstruktion, innen	IWF (m²)	1.220,00	210 €	**256.200 €**	9%
350 Decken/ Horizontale Baukonstruktion	DEF (m²)	566,00	300 €	**169.800 €**	7%
360 Dächer	DAF (m²)	408,00	370 €	**150.960 €**	6%
380 Baukonstruktive Einbauten	BGF (m²)	1.360,00	55 €	**74.800 €**	3%

Abb. 3.4 Kostenschätzung nach DIN 276. (Quelle: Stefan Scholz)

390 Sonstige Maßnahmen für technische Anlagen	BGF (m²)	1.360,00	60 €	**81.600 €**	3%
400 Bauwerk - Technische Anlagen				**357.680 €**	
410 Abwasser-, Wasser-, Gasanlagen	BGF (m²)	1.360,00	64 €	**87.040 €**	3%
420 Wärmeversorgungsanlagen	BGF (m²)	1.360,00	52 €	**70.720 €**	2%
430 Raumlufttechnische Anlagen	BGF (m²)	1.360,00	75 €	**102.000 €**	4%
440 Elektrische Anlagen	BGF (m²)	1.360,00	35 €	**47.600 €**	2%
450 Kommunikations-, sicherheits- und informationstechnische Anlagen	BGF (m²)	1.360,00	4 €	**5.440 €**	0%
460 Förderanlagen	BGF (m²)	1.360,00	31 €	**42.160 €**	2%
470 Nutzungsspezifische und verfahrenstechnische Anlagen	BGF (m²)			**0 €**	0%
480 Gebäude- und Anlagenautomation	BGF (m²)			**0 €**	0%
490 Sonstige Maßnahmen für technische Anlagen	BGF (m²)	1.360,00	2 €	**2.720 €**	0%
500 Außenanlagen und Freiflächen	AF (m²)	784,00	75 €	**58.800 €**	2%

Abb. 3.4 (Fortsetzung)

600 Ausstattung und Kunstwerke				0 €	0%
700 Baunebenkosten	BGF (m²)	1.360,00	231 €	314.160 €	12%
800 Finanzierung				50.000 €	2%
Gesamtbaukosten inkl. Grundstück				**2.607.000 €**	**100%**

aufgestellt: 01.09.2016
Alle Kosten inkl. 19%MWSt.
(Genauigkeit ± 10%)
entspricht dem Planungsstand vom 09.07.2016

Abb. 3.4 (Fortsetzung)

3.4 Kostenberechnung

▶   Die Kostenberechnung ist die der Kostenschätzung nachfolgende
    Kostenermittlung und dient der Entscheidung über die Entwurfspla-
    nung. Die Kostenberechnung ist eine während der Entwurfsplanung
    gemäß DIN 276 vorzunehmende „angenäherte Ermittlung der Kos-
    ten" und geht in ihrer Kostengliederung mindestens bis zur 3. Ebene.
    Dadurch ist eine größere Kostengenauigkeit als bei der Kostenschät-
    zung zu erreichen.

Grundlagen für die Kostenberechnung sind die durchgearbeiteten und entsprechend detaillierten Planzeichnungen. Die Integration der Fachplanung, wie z. B.
für die Gebäudetechnik, die Tragwerksplanung und den Wärmeschutz hat bereits
stattgefunden.
    Für die Kostenberechnung gibt es verschiedene Verfahren, von denen sich die
Kostenberechnung mit Gebäude-Unterelementen oder Leitgewerken als praktikabel erwiesen haben. Gebäude-Unterelement und Leitgewerk werden so heutzutage
nicht mehr verwendet, in der Gliederungsstruktur der DIN 276 sind diese Begriffe
zwar nicht wörtlich, aber doch inhaltlich übernommen.

Eine sogenannte ausführungsorientierte Gliederung der Kosten ist gemäß DIN 276 ebenfalls zulässig. Die Kostengruppen werden nach Gesichtspunkten der Herstellung unterteilt, z. B. nach den ausführenden Gewerken. Somit kann bei Bedarf auch gezielt in einzelne Kostengruppen, z. B. durch Senkung der Ausführungsstandards, eingegriffen werden, um Kosten einzusparen. Gleichzeitig ist eine vergabeorientierte Gliederung vorteilhaft, um eine Grundlage für das Erstellen der Leistungsbeschreibungen zu erhalten. Gleichzeitig wird eine spätere Kostenkontrolle und Kostensteuerung durch die Aufteilung in Gewerke erleichtert.

Beim Praxisbeispiel wurde die ausführungsorientierte Aufstellung gewählt, um von den Vorteilen in den weiteren Planungsphasen zu profitieren. Hierzu ist zunächst eine möglichst präzise Mengenermittlung zu erstellen. Bei diesem Projekt wurde die Software der Firma Hasenbein verwendet, da die Dokumentation und die Mengenermittlung anschließend sehr leicht für die nächsten Schritte der Ausschreibung und Abrechnung verwendbar sind. (www.hasenbein.de).

▶   Die einzelnen Leitpositionen werden in der Menge aus den Plänen bestimmt (vgl. Abb. 3.5, 3.6). Die Software stellt dabei sicher, dass keine Positionen vergessen werden, die Abrechnungsregeln der VOB eingehalten werden, die Abrechnungslisten prüfbar dokumentiert sind und die Übernahme als Kurz-Leistungsverzeichnisse zur späteren Weiterbearbeitung in eine Ausschreibung erfolgen kann.

Im zweiten Schritt werden die Leitpositionen entsprechend der Qualitätsfestlegung in der Planung vom Architekten mit Preisen versehen. Diese Kennwerte stammen entweder aus einem abgerechneten Projekt oder aus Kostenbüchern mit Einheitspreisen für Gewerkepositionen. Auch dafür gibt es ein umfangreiches Softwareangebot.

Nach der fertigen Bearbeitung entsteht je Gewerk eine verpreiste Leitpositionsaufstellung und eine Übersicht über alle Gewerke in der Kostengruppe 300. In Abb. 3.5 und Abb. 3.6 sind zwei Auszüge dargestellt. Die gesamte Mengendokumentation und Kostenberechnung, die mit der Hasenbein-Software erstellt wurde, finden Sie in den Extras zum Buch als Download (www.architekturpraxis.de) (Abb. 3.7 und 3.8).

Die Kostengruppe 300 erstellt der Architekt selbst und verantwortet auch die Richtigkeit der Kosten. Die übrigen Kostengruppen werden von Fachplanern erarbeitet. Für die KG 400 ist der TGA-Ingenieur zuständig, für die KG 500 der Landschaftsarchitekt. Die Kostengruppen 600 (z. B. Möblierung) fällt im Mehrfamilienhausbau in der Regel nicht an. Manchmal werden hier Kosten untergebracht, die vom Planer nicht verantwortet werden, z. B. Einbauküchen. Die

Projekt: 2020 Musterplanung
Bauvorhaben: Neubau eines Mehrfamilienhauses
Bauort: Am Horner Moor, Hamburg

Erdarbeiten in mehreren Ebenen
Aushub im Bereich des Baukörpers

Gebäude: MFH
Geschoss: EG
M-2

Nr.	Form	a (m/m2)	b (m)	c (m)	Anz. (St)	Fläche einzel (m2)	Fläche gesamt (m2)	Geländehöhen (HG) (m)	HG i.M (m)	Mubo. d (m)	Mubo. Fläche (m2)	HGn (HG - d) (m)	HB Höhe Bodenpl. (m)	HB i.M (m)	Aufbauhöhe (m)	HA (m)	hA (HGn - HA) (m)	Aushub (m3)
BK 1																		
BK 1	Rechteck	26,470	16,760		1	443,637	443,637											
AB 1.1	Rechteck	12,200	1,300		1	-15,860	-15,860											
AB 1.2	Rechteck	14,300	1,300		1	-18,590	-18,590											
	Summe:						409,187	18,340 18,350 18,480 18,400	18,393	0,250	409,187	18,143		18,240	0,300	17,940	0,203	83,065
BK 2																		
BK 2	Aufzugsunterfahrt																	
BK 2	Rechteck	2,125	2,300		1	4,888	4,888											
	Summe:						4,888	17,940	17,940	0,000	0,000	17,940		17,450	0,420	17,030	0,910	4,448
	Gesamtsumme:						414,075				409,187							87,513

Position	Beschreibung	Menge	Einheit
002.03.0010	Mutterboden Abtrag (Baukörper und Arbeitsräume)	409,187	m2
002.03.0050	Aushub und Abfuhr (Baukörper)	87,513	m3
998.01.0010	Aushub (Baukörper und Arbeitsräume)	87,513	m3

alternative Position

Abb. 3.5 Mengenermittlung (Auszug aus dem Gewerk Erdarbeiten). (Quelle: hasenbein.de)

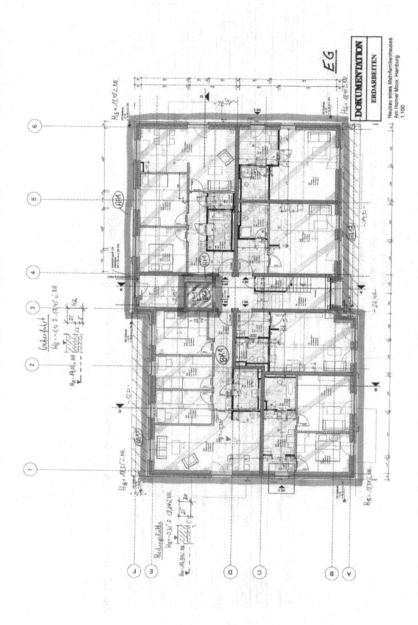

Abb. 3.6 Dokumentation Mengenermittlung (Auszug aus dem Gewerk Erdarbeiten). (Quelle: hasenbein.de)

Projekt: 2020 Musterplanung
Bauvorhaben: Neubau eines Mehrfamilienhauses
Bauort: Am Horner Moor, Hamburg

Kostenermittlung
LB 002 Erdarbeiten

Gebäude: MFH
Geschoss:

M-31

Positions-Nr.	Menge	Einh.	Bezeichnung	EP	Gesamtbetrag
002.03			**Baugrubenaushub**		
002.03.0010	490,520	m2	Mutterboden Abtrag (Baukörper und Arbeitsräume)	17,79 €	8.727,33 €
002.03.0050	87,513	m3	Aushub und Abfuhr (Baukörper)	63,38 €	5.546,92 €
002.03.0100	29,025	m3	Aushub und Lagern (Arbeitsräume)	42,26 €	1.226,48 €
002.04			**Fundamentaushub**		
002.04.0050	16,501	m3	Aushub und Abfuhr (Fundamente)	63,38 €	1.045,90 €
002.04.0100	61,089	m3	Aushub und Lagern (Arbeitsraum Fundamente)	42,26 €	2.581,38 €
002.05			**Bodeneinbau, Auf- und Hinterfüllungen**		
002.05.0100	29,025	m3	Verfüllen mit gelagerten Boden (Arbeitsräume)	160,68 €	4.663,85 €
002.05.0150	61,089	m3	Verfüllen mit gelagerten Boden (Arbeitsraum Fundamente)	90,07 €	5.502,41 €

Abb. 3.7 Ausschnitt aus der Kostenberechnung Gewerk Erdarbeiten. (Quelle: hasenbein.de)

Kostenberechnung Übersicht Leistungsbereiche in Kostengruppe 300

Leistungsbereich-Nr.	Bezeichnung	Summe (netto)
001	Gerüstarbeiten	18.680,02€
002	Erdarbeiten	29.294,27€
009	Entwässerungskanalarbeiten	19.622,62€
012	Mauerarbeiten	242.533,16€
013	Betonarbeiten	216.669,65€
014	Natur-, Betonwerksteinarbeiten	13.541,68€
016	Zimmer- und Holzbauarbeiten	54.979,16€
018	Abdichtungsarbeiten	2.455,14€
020	Dachdeckungsarbeiten	54.336,26€
021	Dachabdichtungsarbeiten	12.022,88€
022	Klempnerarbeiten	7.771,28€
023	Putz- und Stuckarbeiten, Wärmedämmsysteme	36.988,96€
024	Fliesen- und Plattenarbeiten	44.984,05€
025	Estricharbeiten	39.508,63€
026	Fenster, Außentüren	60.028,47€
027	Tischlerarbeiten	26.822,00€
028	Parkett-, Holzpflasterarbeiten	39.540,81€
031	Metallbauarbeiten	48.088,43€

Abb. 3.8 Ausschnitt aus der Kostenberechnung des Praxisbeispieles (KG 300). (Quelle: Stefan Scholz)

034	Maler- und Lackiererarbeiten – Beschichtungen	48.999,42€
038	Vorgehängte hinterlüftete Fassaden	14.997,81€
039	Trockenbauarbeiten	100.990,64€

Gesamtsumme netto (KG 300)	**1.132.855,35€**
+MwSt 19,0%	215.242,52€
Gesamtsumme brutto (KG 300)	**1.348.000€**

aufgestellt: 01.10.2016
Alle Kosten inkl. 19% MWSt.
(Genauigkeit ± 5%)
entspricht dem Planungsstand vom 15.9.2016

Abb. 3.8   (Fortsetzung)

Kostengruppe 700 wird in der Regel vom Auftraggeber selbst oder bei größeren Projekten vom Projektsteuerer gepflegt.

Die Verantwortung des Architekten liegt in der Zusammenstellung aller Kosten inkl. der Zulieferungen der Fachplaner zu einer gemeinsamen Kostenermittlung.

Im Ergebnis entscheidet der Bauherr mit der Kostenberechnung über die Freigabe des Entwurfes. Bei sorgfältiger Ausarbeitung verbleiben nur geringe Risiken, wie z. B. durch Nachforderungen der Behörde oder bei nicht erkennbaren Grundlagen (lokales Baugrundrisiko trotz Bodengutachten). Die konjunkturellen Risiken werden ebenfalls verbleiben.

3.5   Kostenvoranschlag, Kostenanschlag und Kostenverfolgung

Kostenvoranschlag

▶   Die Erstellung eines Kostenvoranschlags (Leistungsverzeichnisse mit Preisen) durch den Architekten, sowie die Budgetkontrolle durch Vergleich mit der Kostenberechnung wird im Zuge der Bearbeitung der Ausschreibungen durchgeführt. Diese Leistung ist damit die letzte Kostenermittlung, die der Architekt zur Überprüfung bzw. zum Abgleich des Kostenziels mit der Ausführungsplanung verwendet. Sie dient der Entscheidung über die Ausführungsplanung.

Erst nach dem Kostenvoranschlag und der Freigabe durch den Auftraggeber sollen gem. DIN 276 die Ausschreibungen versandt werden.

Kostenanschlag

Anschließend ergibt sich aus den Angeboten (siehe Abb. 3.9) der Kostenanschlag. In der Praxis ist dies durch zeitversetzte Ausführungsplanung und Vergabe teilweise noch während der Bauausführungszeit sehr schwer bzw. nicht zu realisieren. Umso mehr muss der Architekt im Vorfeld auf die Gewerke mit im Einzelfall risikobehafteten Annahmen achten, um diese rechtzeitig fertig zu planen und auszuschreiben.

▶   Der Kostenanschlag ist ggf. mehrfach gem. Fortschritt zu erstellen. Die klare Definition, wie diese Leistung tatsächlich durch das Büro ausgeführt wird, ist aus Sicht des Verfassers mit dem Bauherren vertraglich zu regeln. Ohne diese Regelung wäre ein enormer Aufwand für die ständige Aktualisierung der Gewerkebudgets zu erbringen. Ferner widerspricht sich die DIN 276 („Kostenanschlag = Entscheidung über die Ausführungsplanung") hier mit der Honorarordnung, was in der Praxis zu Streit führen kann.

Zwischen dem Kostenvoranschlag (letzte Prognose des Architekten) und dem Kostenanschlag (tatsächlicher angebotener Preis) steigt die Kostengenauigkeit nochmals an. Vor der Vergabe der jeweiligen Leistung ist dies auch die letzte Möglichkeit eines steuernden Eingriffs in die Qualitäten. Die Quantitäten werden zu diesem Zeitpunkt in der Regel nicht mehr veränderbar sein.

Leistungsverzeichnis

12	LV	Erweiterter Rohbau			
03	Titel	Mauerarbeiten			
03.02	Bereich	Mauerwerk			
Nr.	Leistungsbeschreibung		Menge/ Einh.	Preis (EP)	Gesamt (GP)

Übertrag: ....

	Einbauort:	Auf vor beschriebenen Mauerwerk, unterhalb der Dachhaut			
	Höhe der Krone:	ca. 75cm			
	als Zulage.		78 m	EP 25,80	GP 2.012,40

03.02.7   **Innenwand, KS L 20-2,2, Dbm, Dicke 24cm**
Kalksandstein, KS 20-2,2 DBM, MG IIa, für Innenmauerwerk liefern und herstellen.

Wanddicke:	24 cm	490 m²	EP 76,20	GP 37.338,-

03.02.8   **Zulage, Porenbetonkrone unter Dachhaut, 24cm**
Herstellen einer Porenbetonkrone auf zuvor beschriebenen Mauerwerk.

Baustoffklasse:	A1			
Brandverh. DIN EN 13501:	A1			
Einbauort:	Auf vor beschriebenen Mauerwerk (Treppenhaus), unterhalb der Dachhaut			
Höhe der Krone:	ca. 75cm			
als Zulage.		26 m	EP 21,40	GP 556,40

03.02.9   **Innenwand, KS L 12-1,4, Dbm, Dicke 17,5cm**
Kalksandstein, KS 12-1,4 DBM, MG IIa, für Innenmauerwerk liefern und herstellen.

Wanddicke:	17,5 cm	13 m²	EP 51,50	GP 669,50

03.02.10   **Innenwand, KS L 12-1,4, Dbm, Dicke 11,5cm**
Kalksandstein, KS 12-1,4 DBM, MG IIa, für Innenmauerwerk liefern und herstellen.

Wanddicke:	11,5 cm	641 m²	EP 41,90	GP 26.857,90

Übertrag: ....

Abb. 3.9 Ausschnitt Leistungsverzeichnis Angebot Gewerk Mauerarbeiten. (Quelle: Stefan Scholz)

Daher beginnt mit dem Kostenanschlag und der entsprechenden Vergabe die Phase der Kosten- bzw. Abrechnungskontrolle (siehe Abb. 3.10). Die laufende Kostenkontrolle wird in der Praxis auch Kostenverfolgung genannt.

Kostenverfolgung

Die Kostenverfolgung vergleicht kontinuierlich die Kostenberechnung mit den Auftragsvergaben und dem tatsächlichen Zahlstand des Projektes. Dies dient der regelmäßigen Information des Auftraggebers. Diese Leistung ist in der Honorarordnung nicht geregelt, sodass der Autor empfiehlt, Art und Intensität vertraglich zu regeln.

Die Kostenverfolgung wird dabei als eine mehrspaltige Tabelle stets aktualisiert. Die wichtigste Spalte ist die Prognose-Spalte, bei der der Objektüberwacher auch die aktuellen Einschätzungen einfließen lässt. So können die auf der Baustelle besprochenen Probleme eingepreist werden, noch bevor eventuelle Nachtragsangebote (meist zeitversetzt oder gar nicht) beim Bauherren eingehen.

Selbstverständlich lassen sich diese Tabellen gut in einer Tabellenkalkulation umsetzen.

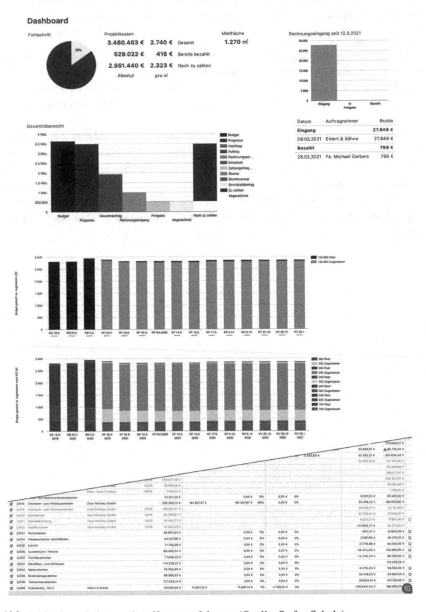

Abb. 3.10 Ausschnitt aus einer Kostenverfolgung. (Quelle: Stefan Scholz)

Eine geeignete Abrechnungssoftware vereinfacht jedoch die Erfassung, Berechnung und die regelmäßigen Reports. So sind zum Beispiel Verknüpfungsfehler sicher ausgeschlossen. Beim Praxisprojekt wurde daher eine Cloudlösung eingesetzt.

3.6 Kostenfeststellung

▶ Die Kostenfeststellung nach DIN 276 dient zum Nachweis der entstandenen Kosten sowie gegebenenfalls zum Vergleich und für Dokumentationen. Grundlagen für die Kostenfeststellung sind die geprüften Abrechnungsbelege und Abrechnungszeichnungen.

In der Kostenfeststellung sollen die Gesamtkosten nach Kostengruppen bis zur 3. Ebene der Kostengliederung unterteilt werden. Es kann sich als praktikabel erweisen, die Kostenfeststellung abweichend zur DIN 276 als zusammengefasste Aufstellung in der 1. oder 2. Gliederungsstufe zu erstellen.

Das Praxisbeispiel wurde mit der in Abb. 3.11 dargestellten Kostenfeststellung abgeschlossen. Auch für die Kostenfeststellung trägt der Architekt die weiteren Kostengruppen der Fachplaner zusammen, um eine gemeinsame Aufstellung zu erreichen.

Kostenfeststellung nach DIN 276 2018-12

Zusammenfassung Kosten nach DIN 276 2018-12

Kostengruppe	Einheit	Menge	Einzelpreis	Gesamtpreis	Anteil
				Euro (brutto)	[%]
100 Grundstück				600.000 €	21%
200 Vorbereitende Maßnahmen	GF (m²)	1.194,0	.	31.500 €	1%
300 Bauwerk - Baukonstruktionen	BGF (m²)	1.410,0	890 €	1.254.690 €	46%
400 Bauwerk – Technische Anlagen	BGF (m²)	1.410,0	266 €	374.735 €	14%
500 Außenanlagen und Freiflächen	AF (m²)	784,1	90 €	70.794 €	3%
600 Ausstattung und Kunstwerke	Einbau küchen	14	3.279 €	45.901 €	2%
700 Baunebenkosten		16% von KG 300+400		260.708 €	10%
800 Finanzierung				75.000 €	3%
Gesamtbaukosten				2.713.328 €	100%

aufgestellt: 03.07.2018
Alle Kosten inkl. 19% MWSt.

Abb. 3.11 Kostenfeststellung des Praxisbeispieles nach DIN 276. (Quelle: Stefan Scholz)

Anhang

4

4.1 Unterlagen zum Praxisbeispiel

Alle Planunterlagen und Informationen zum Praxisbeispiel finden Sie im Buch „Mehrfamilienhaus Musterplanung" (Scholz, Stefan. 2020. *Mehrfamilienhaus Musterplanung*. Norderstedt: BoD – Books on Demand; 1. Edition). Darin sind Grundrisse, Ansichten und Details enthalten.

Downloads zum Buch:

- Die Kostenplanungen zum Praxisbeispiel als XLS-Datei.
- Mengenermittlung des Praxisprojektes zur Kostenberechnung nach Hasenbein als PDF.
- XLS-Tabelle mit DIN 276-Gliederung.

Sie finden als Ergänzung zu diesem Buch die folgenden Unterlagen unter: www.architekturpraxis.de

4.2 Kostengruppen gem. DIN 276 [12–2018]

In Abb. 4.1 sind die Kostengruppen nach DIN 276 zum Zwecke des schnellen Nachschlagens aufgeführt. Abb. 4.1

Tabelle Kosten im Hochbau – Kostengliederung nach [DIN 276, 2018]

100	GRUNDSTÜCK		
110	**Grundstückswert**	127	Genehmigungsgebühren
120	**Grundstücksnebenkosten**	128	Bodenordnung
121	Vermessungsgebühren	129	sonstiges zur KG 120
122	Gerichtsgebühren	**130**	**Rechte Dritter**
123	Notariatsgebühren	131	Abfindungen
124	Grunderwerbssteuer	132	Ablösen dinglicher Rechte
125	Untersuchungen	139	sonstiges zur KG 130
126	Wertermittlungen		
200	**HERRICHTEN UND ERSCHLIESSEN**		
210	**Herrichten**	**220**	**Öffentliche Erschließung**
211	Sicherungsmaßnahmen	221	Abwasserentsorgung
212	Abbruchmaßnahmen	222	Wasserversorgung
213	Altlastenbeseitigung	223	Gasversorgung
214	Herrichten der Geländeoberfläche	224	Fernwärmeversorgung
215	Kampfmittelräumung	225	Stromversorgung
216	Kulturhistorische Funde	226	Telekommunikation
219	sonstiges zur KG 210	227	Verkehrserschließung

Abb. 4.1 Kostengruppen gem. DIN 276. (DIN 276 [12-2018])

228	Abfallentsorgung	242	Ausgleichsabgaben
229	sonstiges zur KG 220	249	sonstiges zur KG 240
230	**Nichtöffentliche Erschließung**	**250**	**Übergangsmaßnahmen**
231 ff.	soweit erforderlich wie KG 220	251	bauliche Maßnahmen
240	**Ausgleichsmaßnahmen und -abgaben**	252	organisatorische Maßnahmen
241	Ausgleichsmaßnahmen	259	sonstiges zur KG 250
300	**BAUWERK - BAUKONSTRUKTIONEN**		
310	**Baugrube, Erdbau**	323	Tiefgründungen
311	Baugrubenherstellung	324	Gründungsbeläge
312	Baugrubenumschließung	325	Abdichtungen und Bekleidungen
313	Wasserhaltung	326	Dränagen
314	Vortrieb	329	sonstiges zur KG 320
319	sonstiges zur KG 310	**330**	**Außenwände, vertikale Konstr. außen**
320	**Gründung, Unterbau**	331	Tragende Außenwände
321	Baugrundverbesserung	332	Nichttragende Außenwände
322	Flachgründungen und Bodenplatten	333	Außenstützen

Abb. 4.1   (Fortsetzung)

334	Außenwandöffnungen	361	Dachkonstruktionen
335	Außenwandbekleidungen außen	362	Dachöffnungen
336	Außenwandbekleidungen innen	363	Dachbeläge
337	Elementierte Außenwände	364	Dachbekleidungen
338	Lichtschutz zur KG 330	365	Elementierte Dachkonstruktionen
339	sonstiges zur KG 320	366	Lichtschutz zur KG 360
340	**Innenwände, vertikale Konstr. innen**	369	sonstiges zur KG 360
341	Tragende Innenwände	370	Infrastrukturanlagen
342	Nichttragende Innenwände	371	Anlagen Straßenverkehr
343	Innenstützen	373	Anlagen Flugverkehr
344	Innenwandöffnungen	374	Anlagen des Wasserbaus
345	Innenwandbekleidungen	375	Anlagen der Abwasserentsorgung
346	Elementierte Innenwandkonstruktionen	376	Anlagen der Wasserentsorgung
359	sonstiges zur KG 350	377	Anlagen der Energie- und Informationsversorgung
360	**Dächer**	378	Anlagen der Abfallentsorgung

Abb. 4.1   (Fortsetzung)

379	Sonstiges zur KG 370	**390**	**Sonstige Maßnahmen für Baukonstruktionen**
380	**Baukonstruktive Einbauten**	391	Baustelleneinrichtung
381	Allgemeine Einbauten	392	Gerüste
382	Besondere Einbauten	393	Sicherungsmaßnahmen
383	Landschaftsgestalterische Einbauten	394	Abbruchmaßnahmen
384	Mechanische Einbauten	395	Instandsetzungen
385	Einbauten des konstr. Ingenieurbaus	396	Materialentsorgung
386	Orientierungs- und Informationssysteme	397	Zusätzliche Maßnahmen
387	Schutzeinbauten	398	Provisorische Baukonstruktionen
389	Sonstiges zur KG 380	399	Sonstiges zur KG 390
400	**BAUWERK – TECHNISCHE ANLAGEN**		
410	**Abwasser-, Wasser-, Gasanlagen**	419	Sonstiges zur KG 410
411	Abwasseranlagen	**420**	**Wärmeversorgungsanlagen**
412	Wasseranlagen	421	Wärmeerzeugungsanlagen
413	Gasanlagen	422	Wärmeverteilnetze

Abb. 4.1 (Fortsetzung)

423	Raumheizflächen	446	Blitzschutz- und Erdungsanlagen
424	Verkehrsheizflächen	447	Fahrleitungssysteme
429	Sonstiges zur KG 420	449	Sonstiges zur KG 440
430	**Lufttechnische Anlagen**	**450**	**Fernmelde- und infotechnische Anlagen**
431	Lüftungsanlagen	451	Telekommunikationsanlagen
432	Teilklimaanlagen	452	Such- und Signalanlagen
433	Klimaanlagen	453	Zeitdienstanlagen
434	Kälteanlagen	454	Elektroakustische Anlagen
439	Sonstiges zur KG 430	455	Audiovisuelle Medien und Antennenanlagen
440	**Elektrische Anlagen**	456	Gefahrenmelde- und Alarmanlagen
441	Hoch- und Mittelspannungsanlagen	457	Datenübertragungsnetze
442	Eigenstromversorgungsanlagen	458	Verkehrsbeeinflussungsanlagen
443	Niederspannungsschaltanlage	459	Sonstiges zur KG 450
444	Niederspannungsinstallationsanlagen	**460**	**Förderanlagen**
445	Beleuchtungsanlagen	461	Aufzugsanlagen

Abb. 4.1 (Fortsetzung)

462	Fahrtreppen, Fahrsteige	478	Verfahrenstechnik für Feststoffe, Wertstoffe, Abfälle
463	Befahranlagen	479	Sonstiges zur KG 470
464	Transportanlagen	**480**	**Gebäudeautomation**
465	Krananlagen	481	Automationssysteme
466	Hydraulikanlagen	482	Schaltschränke, Automationsschwerpunkte
469	Sonstiges zur KG 460	483	Automationsmanagement
470	**Nutzungsspezifische und verfahrenstechnische Anlagen**	484	Kabel, Leitungen und Verlegenetze
471	Küchentechnische Anlagen	485	Datenübertragungsnetze
472	Wäscherei- und Reinigungs- und badetechnische Anlagen	489	Sonstiges zur KG 480
473	Medienversorgungsanlagen, Medizin- und Labortechnik	**490**	**Sonstige Maßnahmen für technische Anlagen**
474	Feuerlöschanlagen	491	Baustelleneinrichtung
475	Prozesswärme-, kälte- und -luftanlagen	492	Gerüste
476	Weitere nutzungsspezifische Anlagen	493	Sicherungsmaßnahmen
477	Verfahrenstechnik für Wasser, Abwasser und Gase	494	Abbruchmaßnahmen

Abb. 4.1 (Fortsetzung)

495	Instandsetzungen	498	Provisorische technische Maßnahmen
496	Materialentsorgung	499	Sonstiges zur KG 490
497	Zusätzliche Maßnahmen		
500	**AUSSENANLAGEN UND FREIFLÄCHEN**		
510	**Erdbau**	531	Wege
511	Herstellung	532	Straßen
512	Umschließung	533	Plätze, Höfe, Terrassen
513	Wasserhaltung	534	Stellplätze
514	Vortrieb	535	Sportplatzflächen
519	Sonstiges zur KG 510	536	Spielplatzflächen
520	**Gründung, Unterbau**	537	Gleisanlagen
521	Baugrundverbesserung	538	Flugplatzflächen
522	Gründungen und Bodenplatten	539	Sonstiges zur KG 530
523	Gründungsbeläge	**540**	**Baukonstruktionen**
524	Abdichtungen und Bekleidungen	541	Einfriedungen
525	Dränagen	542	Schutzkonstruktionen
529	Sonstiges zur KG 520	543	Wandkonstruktionen
530	**Oberbau, Deckschichten**	544	Rampen, Treppen,Tribünen

Abb. 4.1   (Fortsetzung)

545	Überdachungen	559	Sonstiges zur KG 550
546	Stege	**560**	**Einbauten in Außenanlagen und Freiflächen**
547	Kanal- und Schachtkonstruktionen	561	Allgemeine Einbauten
548	Wasserbecken	562	Besondere Einbauten
549	Sonstiges zur KG 540	563	Orientierungs- und Informationssysteme
550	**Technische Anlagen in Außenanlagen**	569	Sonstiges zur KG 560
551	Abwasseranlagen	**570**	**Vegetationsflächen**
552	Wasseranlagen	571	Vegetationstechnische Bodenbearbeitung
553	Anlagen für Gase und Flüssigkeiten	572	Sicherungsbauweisen
554	Wärmeversorgungsanlagen	573	Pflanzflächen
555	Raumlufttechnische Anlagen	574	Rasen und Saatflächen
556	Elektrische Anlagen	579	Sonstiges zur KG 570
557	Kommunikations-, sicherheits- und IT-Anlagen, Automation	**580**	**Wasserflächen**
558	Nutzungsspezifische Anlagen	581	Befestigungen

Abb. 4.1 (Fortsetzung)

582	Abdichtungen	594	Abbruchmaßnahmen
583	Bepflanzungen	595	Instandsetzungen
589	Sonstiges zur KG 580	596	Materialentsorgung
590	**Sonstige Maßnahmen für Außenanlagen und Freiflächen**	597	Zusätzliche Maßnahmen
591	Baustelleneinrichtung	598	Provisorische Außenanlagen
592	Gerüste	599	Sonstiges zur KG 590
593	Sicherungsmaßnahmen		
600	**AUSSTATTUNG UND KUNSTWERKE**		
610	**Allgemeine Ausstattung**	642	Künstlerische Gestaltung des Bauwerks
620	**Besondere Ausstattung**	643	Künstlerische Gestaltung der Außenanlagen und Freiflächen
630	**Informationstechnische Ausstattung**	649	Sonstiges zur KG 640
640	**Künstlerische Ausstattung**	690	Sonstige Ausstattung
641	Kunstobjekte		
700	**BAUNEBENKOSTEN**		
710	**Bauherrenaufgaben**	712	Bedarfsplanung
711	Projektleitung	713	Projektsteuerung

Abb. 4.1   (Fortsetzung)

714	Sicherheits- und Gesundheitsschutzkoordination	**740**	**Fachplanung**
715	Vergabeverfahren	741	Tragwerksplanung
719	Sonstiges zur KG 710	742	Technische Ausrüstung
720	**Vorbereitung der Objektplanung**	743	Bauphysik
721	Untersuchungen	744	Geotechnik
722	Wertermittlungen	745	Ingenieurvermessung
723	Städtebauliche Leistungen	746	Lichttechnik, Tageslichttechnik
724	Landschaftsplanerische Leistungen	747	Brandschutz
725	Wettbewerbe	748	Altlasten, Kampfmittel, kulturhistorische Funde
729	Sonstiges zur KG 720	749	Sonstiges zur KG 740
730	**Objektplanung**	**750**	**Künstlerische Leistungen**
731	Gebäude und Innenräume	751	Kunstwettbewerbe
732	Freianlagen	752	Honorare
733	Ingenieurbauwerke	759	Sonstiges zur KG 750
734	Verkehrsanlagen	**760**	**Allgemeine Baunebenkosten**
739	Sonstiges zur KG 730	761	Gutachten und Beratung

Abb. 4.1 (Fortsetzung)

762	Prüfungen, Genehmigungen, Abnahmen	765	Betriebskosten der Abnahme
763	Bewirtschaftungskosten	766	Versicherung
764	Bemusterungskosten	779	Sonstiges zur KG 770
800	**FINANZIERUNG**		
810	Finanzierungsnebenkosten	840	Bürgschaften
820	Fremdkapitalzinsen	890	Sonstige Finanzierungskosten
830	Eigenkapitalzinsen		

Abb. 4.1   (Fortsetzung)

Was Sie aus diesem *essential* mitnehmen können

- Sie kennen jetzt die Antwort auf die Frage Ihres Bauherren: „Was würde bei Ihnen das Haus kosten, wenn wir zusammenarbeiten?"
- Die praktischen Beispiele mit den Hinweisen versetzen Sie in die Lage, schnell und übersichtlich Kostenermittlungen in allen Planungsphasen zu erstellen.
- Sie präsentieren die Kostenplanungen sicher und fundiert bei Auftraggebern und Finanzierungspartnern.

Nutzen Sie gern die fertig einsetzbaren XLS-Tabellen für Ihre Arbeit. Sie erhalten diese kostenfrei unter www.architekturpraxis.de

Ich wünsche Ihnen viel Erfolg bei der kostensicheren Umsetzung Ihrer Projekte!

Stefan Scholz

© Der/die Herausgeber bzw. der/die Autor(en), exklusiv lizenziert durch Springer Fachmedien Wiesbaden GmbH, ein Teil von Springer Nature 2021
S. Scholz, *Baukosten sicher ermitteln – Mit Praxisbeispiel Mehrfamilienhaus*, essentials, https://doi.org/10.1007/978-3-658-33961-6

Literaturempfehlungen

BKI Kostenplanung. 2021. *Baukosten 2021 Neubau Teil 1, statistische Kostenkennwerte*. BKI Baukosteninformationszentrum (Hrsg.), Stuttgart: BKI.

BKI Kostenplanung. 2021. *Baukosten 2021 Neubau Teil 2, statistische Kostenkennwerte für Bauelemente*. BKI Baukosteninformationszentrum (Hrsg.), Stuttgart: BKI.

BKI Kostenplanung. 2021. *Baukosten 2021 Neubau Teil 3, statistische Kostenkennwerte für Positionen*. BKI Baukosteninformationszentrum (Hrsg.), Stuttgart: BKI.

DIN 276:2018–12 Kosten im Bauwesen

DIN 277–1:2016–01 Grundflächen und Rauminhalte im Bauwesen, Teil 1: Hochbau (Ausgabe Januar 2016)

Schmitz, Heinz; Gerlach, Reinhard; Meisel, Ulli. 2020. *Baukosten 20/21, Bauen von Ein- und Mehrfamilienhäusern*. Essen: Verlag für Wirtschaft und Verwaltung.

Scholz, Wellner, Zeitner, Schramm, Hackel, Hackel. 2020. *Architekturpraxis Bauökonomie*, 2. Auflage. Wiesbaden: Springer Vieweg.

Scholz, Stefan. 2020. *Mehrfamilienhaus Musterplanung*. Norderstedt: BoD – Books on Demand; 1. Edition

© Der/die Herausgeber bzw. der/die Autor(en), exklusiv lizenziert durch   45
Springer Fachmedien Wiesbaden GmbH, ein Teil von Springer Nature 2021
S. Scholz, *Baukosten sicher ermitteln – Mit Praxisbeispiel Mehrfamilienhaus*,
essentials, https://doi.org/10.1007/978-3-658-33961-6

Stichwortverzeichnis

© Der/die Herausgeber bzw. der/die Autor(en), exklusiv lizenziert durch
Springer Fachmedien Wiesbaden GmbH, ein Teil von Springer Nature 2021
S. Scholz, *Baukosten sicher ermitteln – Mit Praxisbeispiel Mehrfamilienhaus*,
essentials, https://doi.org/10.1007/978-3-658-33961-6

Printed in the United States
by Baker & Taylor Publisher Services

Printed in the United States
by Baker & Taylor Publisher Services